U0062812

北斗问苍穹
科普丛书

北斗问苍穹
优秀的北斗三号

芈惟于
李亚晶
熊之远
著

电子工业出版社
Publishing House of Electronics Industry
北京 · BEIJING

内 容 简 介

为了展现中国航天的伟大成就，让读者读懂航天，激发读者探索科学的兴趣，本书通过简单的语言、精美的图片，揭开北斗三号的神秘面纱，解读令人骄傲的"中国名片"。

本书先从北斗三号的基本内容切入，帮助读者熟悉航天器、轨道高度、参照物、星下点、定位、授时等知识；其次，讲解北斗三号的构成，包括空间段、地面段、用户段；再次，通过类比的方式，讲解北斗三号与其他全球导航卫星系统相比的不同之处；最后，简要讲解北斗卫星上的原子钟、北斗卫星是如何发射升空的，以及北斗一号和北斗二号的相关知识。

本书力图把北斗卫星导航系统的应用场景"图解化"，用形象的语言拉近与读者的距离，鼓励读者张开想象的翅膀，思考北斗卫星导航系统的应用情景，让读者在了解我国航天事业取得辉煌成就的同时，增强民族自豪感。

图书在版编目（CIP）数据

北斗问苍穹. 优秀的北斗三号 / 芈惟于，李亚晶，熊之远著 . — 北京：电子工业出版社，2023.8

（北斗问苍穹科普丛书）

ISBN 978-7-121-45583-4

I. ①北… II. ①芈… ②李… ③熊… III. ①卫星导航 – 全球定位系统 – 中国 – 普及读物 IV. ① P228.4-49

中国国家版本馆 CIP 数据核字（2023）第 085524 号

责任编辑：刘娴庆
特约编辑：刘汉斌
印　　刷：河北迅捷佳彩印刷有限公司
装　　订：河北迅捷佳彩印刷有限公司
出版发行：电子工业出版社
　　　　　北京市海淀区万寿路 173 信箱　　邮编：100036
开　　本：720×1000　1/16　印张：6　字数：105.6 千字
版　　次：2023 年 8 月第 1 版
印　　次：2023 年 8 月第 1 次印刷
定　　价：56.00 元

凡所购买电子工业出版社图书有缺损问题，请向购买书店调换。若书店售缺，请与本社发行部联系，联系及邮购电话：（010）88254888，88258888。

质量投诉请发邮件至 zlts@phei.com.cn，盗版侵权举报请发邮件至 dbqq@phei.com.cn。

本书咨询联系方式：（010）88254579。

前　言

　　北斗卫星导航系统（简称北斗系统）不仅是我国重要的空间基础设施，还是航天事业的一项重要成就。北斗系统的建设和运营不仅带动了科技、经济的发展，更是为广大用户带来了便利。

　　2020年，北斗三号正式建成，圆满完成了北斗系统"三步走"的发展战略，开始向全球化时代加速迈进：面向全球用户提供全天候、全天时、高精度的定位、导航和授时服务。由于北斗卫星定位技术、北斗卫星导航技术与新一代信息技术及其他技术具有高度的关联性，北斗产业也和多个相邻产业深度融合，因此，北斗系统在现代智能信息产业群中发挥着技术支持平台和发展引擎的作用，并迅速进入涉及国家安全、国民经济、社会民生等诸多领域。

　　在人们的日常生活中，很多地方都用到了北斗系统。它既可以成为道路交通协管员、农业生产人员的好帮手，也能成为动物的守护者、渔民的保护神。截至2022年上半年，包括内置北斗模块的智能手机在内的北斗用户设备数量超过1亿台。可以说，北斗系统无处不在。

　　为了展现我国航天事业的伟大成就，让读者读懂航天，激发读者探索科学的兴趣，我们特撰写北斗问苍穹科普丛书。本套丛书由中国工程院院士刘经南、教育部长江学者特聘教授姜卫平牵头，由长期从事航天工作、参与北斗系统设计建设的研究人员担任主要作者（除封面署名作者外，刘作林老师也参与了书稿的撰写工作）。在撰写完成后，又聘请曹冲、曹雪勇、第五亚洲、来春丽、李冬航等多位专家进行了技术审核。本套丛书共三册：《北斗问苍穹：优秀的北斗三号》《北斗问苍穹：卫星导航和大众生活》《北斗问苍穹：卫星导航和基础设施》。本套丛书力图通过简洁的语言、精美的图片，向读者讲解北斗系统的基本原理，生活中的北斗系统，以及北斗系统在农林渔业、水文监测、气象预报、救灾减灾、交通运输、建筑施工、找矿采矿、电网运营等涉及经济社会发展领域中的应用，揭开北斗系统的神秘面纱。

"北斗垂莽苍，明河浮太清。"此刻，苍穹中已有中国人自己的北斗系统。我们希望本套丛书能够解读令人自豪的"中国名片"，对宣传我国在航天领域的科技创新成就、提升读者的科学文化素养、提升大众的文化自信起到促进作用。

芈惟于

2023 年 6 月

目　录

第1章
人造卫星是一种航天器

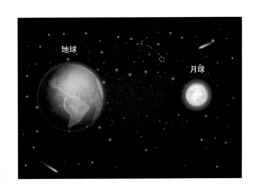

在讨论北斗卫星导航系统（简称北斗系统）之前，先来说说北斗系统中的人造卫星。当然了，北斗系统中的卫星肯定是人造卫星，毕竟地球只有一颗天然卫星——月球！地球，作为太阳系的八大行星之一，拥有一颗天然卫星，算不算多呢？这要看跟谁比。八大行星被分为两组：巨大的气态行星和体形较小的固态行星。

离太阳较远的四颗行星，即木星、土星、天王星和海王星属于气态行星（天王星和海王星又被称为冰态巨行星），质量大，天然卫星多。这四颗行星拥有的已知大型天然卫星有十几颗到一百多颗不等。

离太阳较近的四颗行星，即水星、金星、火星和地球属于体形较小的固态行星，天然卫星少。其中，水星和金星，没有天然卫星；地球，有一颗质量很大的天然卫星，即月球；火星，有两颗质量较小的天然卫星，即火卫一和火卫二。所以，虽然地球的天然卫星与四颗气态行星相比要少得多，但在固态行星里，还是很特殊的。

除此以外，人类的航天活动让地球在太阳系中显得更为特殊：航天活动为地球增加了众多人造卫星。若将人造卫星和天然卫星一起统计，那地球在水星、金星、火星这三"兄弟"

小·提示

和月球相比，火卫一和火卫二的"个头"要小得多。其中，火卫一和火卫二中的"大个头"——火卫一的直径不超过 30 千米，而月球的直径约为 3500 千米，是火卫一直径的 100 多倍。

面前，可以称得上"富有"了。

人造卫星是环绕地球飞行，并在空间轨道运行一圈以上的航天器，主要用于科学探测和研究、天气预报、土地资源调查、通信、导航等多个领域。那"航天器"和"航空器"有什么区别，与之对应的"航天"和"航空"有什么区别呢？

有人说：航天，是飞行器在地球大气层外的飞行活动；航空，是飞行器在地球大气层内的飞行活动。虽然这种说法有一定道理，但并不准确，至少存在两个问题：

第一，"大气层外"是什么意思？地球大气层的边界在哪里？没人能说得清：距离地球表面300千米？显然不是，在300千米之上还有空气；500千米？1000千米？好像都不对。其实即便到了距离地球表面10000千米甚至更远的地方，还能检测到空气分子。距离地球表面越远，大气层中的空气越稀薄，但没有明确的边界。飞行高度为300～500千米的人造卫星很常见，虽然它们都属于航天器，但显然这些航天器是在大气层内飞行的！

第二，就算是飞行高度超出地球大气层的航天器，如月球探测器，只要是从地球表面发射升空的，至少有一段飞行轨迹位于大气层内。所以，是否在大气层内飞行，并不是判断一个飞行器是否属于航天器的依据。

为了讲清楚"航空"和"航天"的区别，请你开始"放飞自我"，把自己想象成一只无比勇敢、无比强壮的大鸟：勇敢——不怕冷，不怕热，不怕高；强壮——可以一直扇动巨大的翅膀。现在就出发。

飞到超出地球表面5千米的高空，钻进云里，将雷电踩在脚下（这里的"超出地球表面5千米"，近似于"海拔5千米"）。

飞到9千米的高空，你已比地球上所有的山都高。

飞到12千米的高空，你已超过地球上飞得最高的鸟。

飞到20千米的高空，你已位于一般飞机无法飞到的高度。

飞到100千米的高空，你会发现即使使劲扇动翅膀也不能继续上升，连滑翔都变得难以实现。这是因为，距离地球表面 100 千米的大气层，空气稀薄，无法让飞行器依靠空气动力保持高度。

为了区分"航天"和"航空"，人们在 1960 年第 53 届巴塞罗那国际航空联合大会上商定：距离地球表面 100 千米以上的空间属于航天空间；距离地球表面 100 千米以下的空间属于航空空间。

在一个飞行器的全部飞行过程中，只要有一次能进入高于地球表面 100 千米的航天空间，即可被称为航天器。由于人造卫星的轨道高度均位于 100 千米以上，因此人造卫星都属于航天器。类似地，火箭、飞船及飞得更远的探测器，也属于航天器。热气球、飞艇、飞机、直升机等飞行器，飞行高度低于 100 千米，属于航空器。

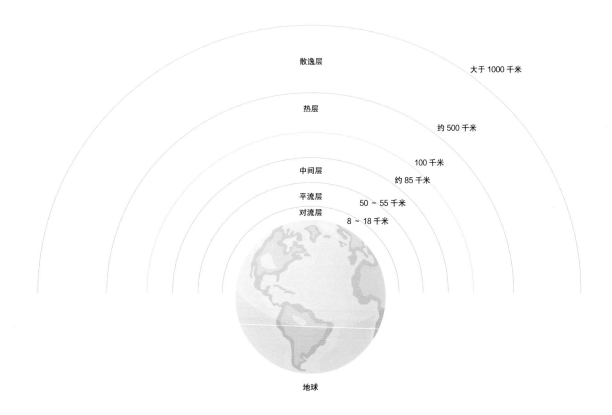

小·提示

　　领空，是指一个国家领陆、领水以上的"垂直"空域，是一个国家领土不可分割的组成部分。主权国家对其具有完全的、排他的主权，可对其实行完全的管辖和管制，有权禁止或准许外国航空器进入或通过其领空。但多数国际法专家主张航天空间不属于领空范围。例如，一个国家的人造卫星，从其他国家正上方的航天空间飞过，是不用获得该国批准的。

飞船

飞机

飞艇

想一想 搜一搜

1. 木星、天王星、海王星的光环是什么样子的?
2. 竹蜻蜓属于航空器吗?

航天探测器

火箭

卫星

直升机

热气球

100 千米

第 2 章
航天器的轨道高度

前面已经介绍过，若飞行器能进入高于地球表面100千米的航天空间飞行，即属于航天器。100千米的分界线，既有科学因素——在高于地球表面100千米的航天空间，仅凭空气动力不足以维持飞行器的飞行高度，又有人为因素——开会商定，得到各国认可。

不同类型的航天器，根据用途会设计为不同的飞行高度。先来讨论最常见的航天器——人造卫星的轨道高度。

虽然飞行高度超过100千米的飞行器即被称为航天器，但实际飞行在100 ~ 200千米的人造卫星较少。原因是在高于地球表面100 ~ 200千米的范围内，虽然大气中的空气明显比地表稀薄，但相比高度在200千米以上大气层中的空气，还是要稠密得多。

高度在100 ~ 200千米的大气层具有两个"力学特点"：能够提供的升力很微弱；产生的阻力很明显。如果想让人造卫星在200千米以下的航天空间长期飞行，则必须准备更多的燃料或压缩气体，以便经常给人造卫星加速，克服空气阻力对人造卫星造成的减速影响。由于大气层没有明确的边界，高度超过200千米的大气层的空气阻力并不随着高度的增加而直线下降，因此，飞行在几百千米高度的人造卫星，常常需要开启自带的发动机，喷出气体，利用反推力加速，以保持飞行在设计的轨道高度上。

一般情况下，我们把高度在2000千米以下的轨道称为低轨道。低轨道卫星大多飞行在300 ~ 800千米的高度范围，适合执行对地勘察、测绘等任务。载人飞船（如神舟）、空间站（如天宫）及货运飞船（如天舟），也属于低轨道航天器。神舟已经发射多次，每次发射到达的最高点均超过地球表面300千米，与天宫对接时的轨道高度也都超过300千米（截至2021年3月）。例如，2016年，神舟十一号和天宫二号对接时的轨道高度已接近400千米（实际轨道高度为393千米）。我国正在建设有航天员常驻的空间站，设计轨道高度为400 ~ 450千米。

高度在2000 ~ 20000千米的卫星轨道，称为中轨道，高度在20000千米以上的卫星轨道，称为高轨道。当然，这只是习惯上的归类，并不严格（也存在其他归类方法）。

北斗三号"星座家族"由三种不同轨道的卫星组成（共30颗）：24颗MEO卫星（中圆地球轨道卫星）、3颗IGSO卫星（倾斜地球同步轨道卫星）和 3 颗 GEO 卫星（地球静止轨道卫星）。其中，24 颗 MEO 卫星属于中轨道地球卫星（轨道高度约为 21500 千米），构成北斗三号的基础星座，可为全球提供定位导航服务；3 颗 IGSO 卫星和 3 颗 GEO 卫星属于高轨道卫星，轨道高度约为 36000 千米，绕地球一圈正好需要 24 小时。

MEO 卫星

IGSO 卫星

GEO 卫星

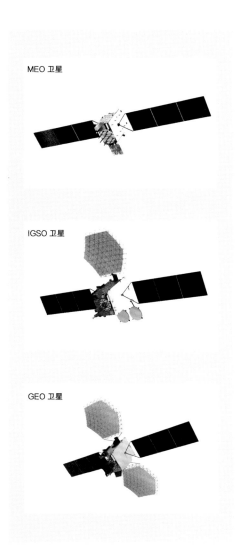

小·提示

　　虽然轨道调高一点有利于减少用于保持轨道的燃料，但不能为了保持轨道就无限制地调高轨道，因为轨道高度还受到运载火箭发射能力的限制。相同型号的运载火箭，有效载荷轨道越高，意味着单次发射的有效载荷越小。

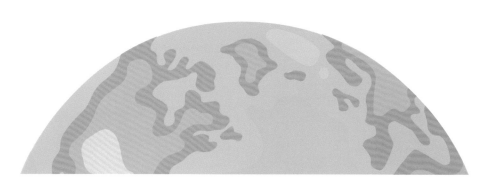

通过嫦娥探测器"拜访"月球，实现了行星(地球)与天然卫星(月球)之间的星际航天。嫦娥探测器是从环地球轨道进入地月转移轨道后，再进入环月轨道的：在环地球轨道上，嫦娥探测器是地球的一颗人造卫星；在地月转移轨道上，嫦娥探测器是运行在地月系统中的天体(这时嫦娥探测器仍是地球的卫星，只是轨道的形状为长椭圆形)；在环月轨道上，嫦娥探测器是月球的卫星。

月球距离地球多远呢？地月距离约为 384400 千米，也可以粗略地说成 38 万千米。在环月轨道上(从地球上看)，嫦娥探测器的轨道高度约为 38 万千米。

说完嫦娥探测器，就该讨论中国航天目前飞行最远的"游子"——天问火星探测器了。既然是"拜访"火星，火星的高度差不多就是天问火星探测器到达的最高高度。

下面试着按照比例绘制出神舟、嫦娥探测器、天问火星探测器的轨道高度。

用 1 毫米表示 200 千米。地球半径约为 6400 千米，神舟的轨道高度约为 400 千米，那就绘制一个直径为 64 毫米的圆来代表地球，绘制一个高出地球表面 2 毫米的圆来表示神舟的轨道。由此可以看出，神舟是贴着地球表面飞行的。其他低轨道卫星与其类似。

用 1 毫米表示 1000 千米。由于用 1 毫米表示 200 千米时，无法在本书的纸面上绘制出月球，因此改用 1 毫米表示 1000 千米，将地球绘制成直径约为 13 毫米的圆。若此时绘制神舟的轨道高度，则只能用 0.4 毫米表示，分辨起来有些困难，故不再绘制，只在离圆周(地球表面)21.5 厘米处绘制 MEO 卫星的轨道，在离圆周 36 毫米处绘制 GEO 卫星和 IGSO 卫星的轨道。由于月球的直径约为 3500 千米，地月距离约为 384400 千米，因此在距离地球圆心约 380 毫米的位置绘制一个直径为 3.5 毫米的圆来表示月球。由于嫦娥探测器围绕月球飞行，因此从地球表面看，嫦娥探测器的轨道高度约为 38 万千米。

用 1 毫米表示 20 万千米。火星距离地球最近时，距离约为 6000 万千米。若用 1 毫米表示 20 万千米，则地月系统的尺寸缩小为一个直径为 4 毫米的圆，火星在离圆心 300 毫米的地方。

11

小·提示

火星探测器，是一种用来探测火星的航天器，包括从火星附近掠过的太空船、环绕火星运行的人造卫星、登陆火星表面的着陆器、可在火星表面自由行动的火星漫游车，以及未来的载人火星飞船等（此定义由"科普中国"审核）。

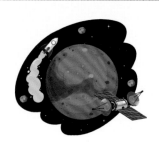

神舟的轨道高度

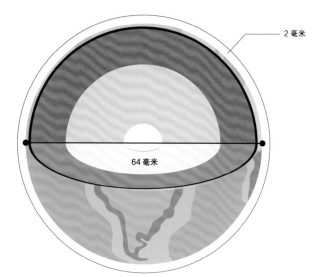

2毫米

64毫米

用1毫米表示200千米

用1毫米表示1000千米

用1毫米表示20万千米

GEO、IGSO

MEO

月球轨道

地球位置

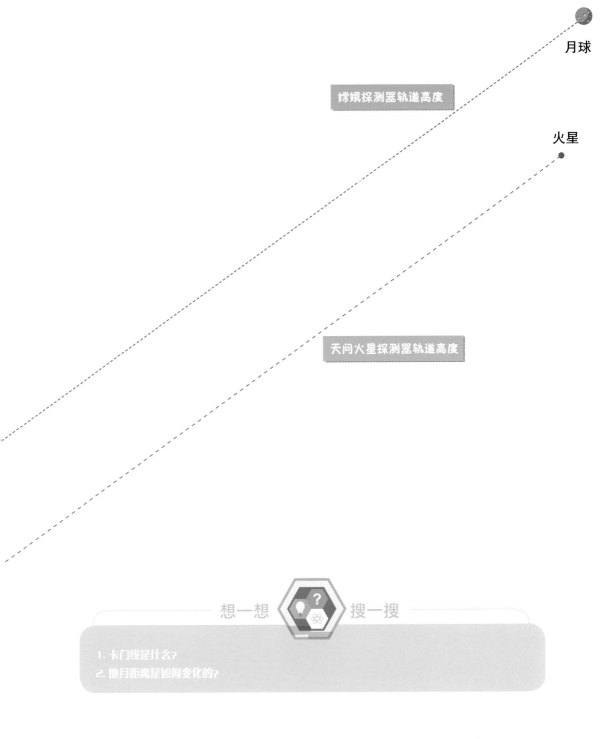

月球

嫦娥探测器轨道高度

火星

天问火星探测器轨道高度

想一想 ? 搜一搜

1. 卡门线是什么?
2. 地月距离是如何变化的?

第3章

定位，需要参照物

在与他人交流时，如何描述自己的位置？在习惯使用智能手机之前，人们通过看得见的参照物来描述自己的位置，即定位，比如：我在1路公共汽车的始发站；我在村子中间的水井旁，面向铁匠铺；我在米粉店右手边的15米处……此时，始发站、水井、铁匠铺、米粉店，都是用来定位的参照物。

那在地球表面，如何便捷地交流位置信息呢？答案是经/纬度：通过北极点和南极点的大圆被称为经圈，通过将经圈在北极点和南极点分开，得到的两个半圆被称为经线；平行于赤道、南北排列的圆被称为纬线。经线和纬线把地球表面网格化了，经线与纬线的交点就形成了经/纬度。有了经/纬度的定位方式，在航海和远距离飞行时，迷路的风险就大大降低了。

第一，准备一根细长杆，并用一根绳子绑住石块或螺钉之类的重物作为用于校准的铅垂。把细长杆竖直立在能够照到阳光的地球表面，近似认为细长杆的延长线指向地心。

第二，为了简化问题，假设做日影实验的这一天刚好是春分日或秋分日，即这一天太阳垂直照射赤道。准备一个量角器，在春分日或秋分日的正午12:00:00，测出细长杆在地球表面上的影子长度和细长杆的高度，连接细长杆上端与影子上端，通过计算可得其与细长杆之间的夹角 α。也可以把测出的两个长度等比例缩小，作为直角三角形的两条边绘制在图纸上，用量角器量出夹角 α 的大小，即为当地的纬度。假设 α 为 $30°$，所在位置为北半球，则当地的纬度为北纬 $30°$。

那如何知道所在位置的经/纬度呢？下面将通过一个测日影的实验来说明。

通过测量阳光照射的角度来确定纬度

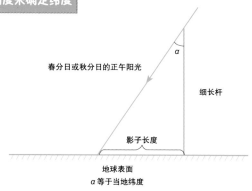

春分日或秋分日的正午阳光

细长杆

影子长度

地球表面
α 等于当地纬度

春分日或秋分日，太阳垂直照射赤道

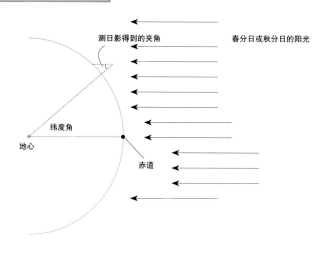

测日影得到的夹角

春分日或秋分日的阳光

纬度角

地心

赤道

第三，准备一个指南针，用来确定南北方向（略有误差），并通过细长杆与地球表面的交点绘制出南北方向的线，即通过交点的经线，测量在正午 12:00:00 时的影子与经线的夹角，如果使用的是北京时间，夹角不为 0，则表明此地与北京的经度不一致，要么在北京以东，要么在北京以西。通过细长杆在正午 12:00:00 时影子的偏向及影子与经线的夹角，就能计算出此地与北京的经度差，继而推算出当地的经度。

由于地球在自转，地球表面上的物体随着地球自转做圆周运动（并不是直线运动），因此地球引力的一个分量用来改变运动方向。一般情况下，用来改变运动方向的分量与引力的方向并不相同，根据平行四边形法则，引力减去这个分量得到重力。因此，地球对物体的引力和物体所受的重力并不是同一个力，引力的方向与重力的方向也不相同，即引力作用线通过地心，重力作用线不通过地心（用铅垂标出的线是重力作用线）。比较特殊的情况是在地球的北极点、南极点及赤道上：在北极点和南极点，地球表面上的物体并不随着地球自转做圆周运动，物体受到的引力等于重力；在赤道上，虽然地球表面上的物体随着地球自转做圆周运动，但用来改变运动方向的分量与引力方向一致，引力减去这个分量得到重力，重力方向与引力方向一致，此时重力作用线通过地心。虽然在一般情况下，由铅垂标出的重力作用线并不通过地心，但仍可近似认为其通过地心，因为重力作用线和引力作用线（物体质心与地心的连线）的最大角度差不超过0.1°。

重力是引力的分量

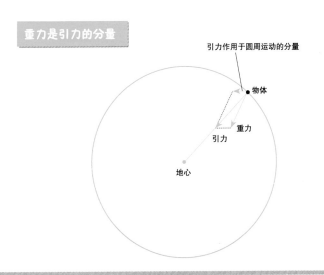

在海上航行时，为了进行准确定位，导航员需要得到两个"朋友"的助力——灯塔和六分仪。

灯塔是地面参照物（高塔形建筑物，用来标定方向），在塔顶中装设的灯光设备可使导航员在靠港前很远的地方就能看见。

六分仪是用来观察天上参照物的仪器。通过六分仪同时对准水天线和一颗恒星，即可测出恒星与水天线的夹角，之后通过天文历查询对应的恒星数据，即可计算出当地的纬度。在正午12:00:00 时，测量日影与经线的夹角，可得到当地的经度，或者在一天中太阳最高时查看基准时刻（如北京时间几点几分），也可推算出当地的经度。

在计算某地的经／纬度时，也可将人造卫星作为天上的参照物。与使用"六分仪＋恒星"定位的原理相同，在使用人造卫星进行定位时，也需要知道人造卫星在哪里——至少人造卫星定位接收机要"知道"人造卫星在哪里。

小·提示

天上有那么多颗恒星，任何一颗都能作为参照物，太阳也是其中之一。若在晚上使用六分仪，则可寻找一颗亮度合适的恒星作为参照物；若在白天使用六分仪，则可选择太阳作为参照物，不过需要通过滤光镜来保护眼睛。

六分仪

想一想 搜一搜

1. 为什么通过指南针得到的南北方向存在误差？
2. 你知道古代的北极星不一定是现在的北极星吗？

　　若使用北极星作为参照物进行测量，则不用查询天文历，即可直接获得观测点的纬度：在特定的观测点看恒星，恒星的高度角（利用一个角度表示一颗恒星的高度）等于恒星和观测点的连线与水天线的夹角。为什么北极星的高度角与观测点的纬度相等呢？这里需要用到几何学进行讲解。例如，在下图中，紫红色的虚线与地球表面相切，表示观测点A的水天线。北极星竖直指向北方，A点或地球表面上任意一点与北极星的连线垂直于赤道面。紫红色的虚线与地心和A点的连线垂直，从图上角的关系可知α和β相等，因为β与γ的和及α与γ的和都等于90°。α是用六分仪测出的北极星高度角，β是A点的纬度。所以，A点的北极星高度角等于当地的纬度。

用六分仪测量北极星的高度角

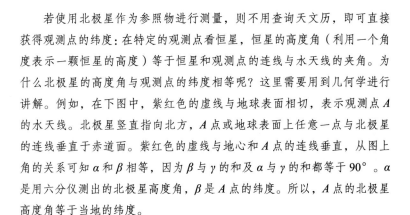

北极星的高度角等于观测点的纬度

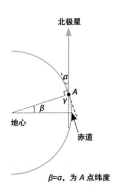

19

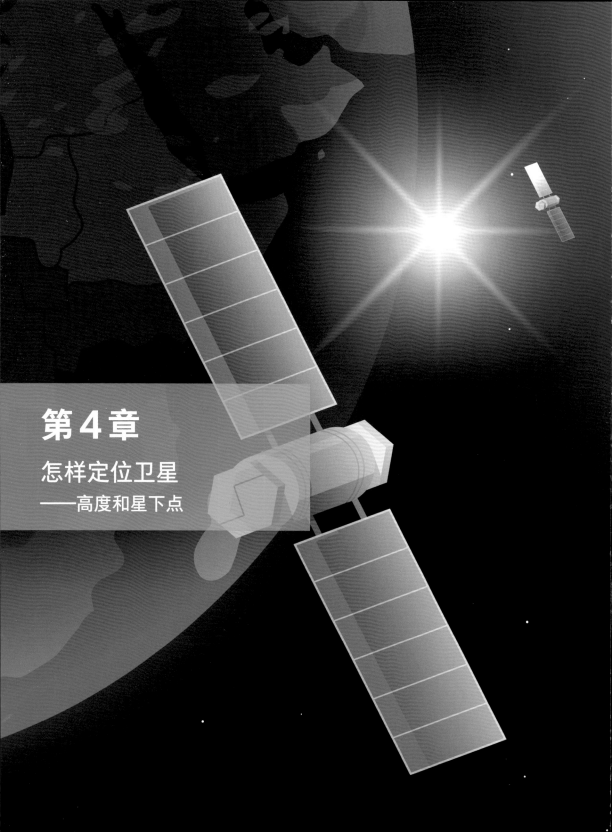

第4章

怎样定位卫星
——高度和星下点

不管是白天还是晚上，在我们的头顶上都有很多颗人造卫星飞过。如果有人问你此刻某颗人造卫星在哪儿，应该如何回答呢？

我们先来简化这个问题，即将三维空间降维到二维空间。

第一步：把一张纸平放在桌子上，在纸上用圆规绘制一个圆，并标出圆心 O，在圆周的外侧任意处标出一个点，记作点 A。现在想一想，应该如何描述点 A 相对于圆的位置呢？

第二步：找圆周上的任意一个点，记作点 B。假设点 B 处于 0° 位置。如果用通常的 360° 表示一个圆角，那么一个圆周的 0° 位置和 360° 位置是重合的，所以点 B 也处于 360° 的位置。

第三步：如此设置后，可以量出圆周上每个点的角度，即从点 B 逆时针"走遍"圆周，会遇到 90°、180°、270° 等无穷个点（因为圆周就是由无穷个点组成的）。

第四步：现在把点 A 和圆心 O 用线段连接起来，线段与圆周相交于点 C。测量线段 OB 逆时针旋转到线段 OC 的角，设这个角为 α。

第五步：有了角 α，就可以利用其和线段 AC 的长度来确定点 A 的位置。例如，角 α 为 50.5°，点 A 与圆周相距 7 厘米，则满足以上条件的点 A 是唯一的，即可定位点 A。

用距离和角度定位圆外一点

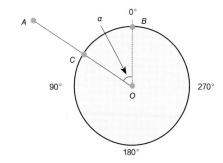

若将二维平面变更为三维空间，则此办法仍然有效。差别仅在于圆周变成了球面，圆周上的点用一个角度就能定位，球面上的点要用两个角度才能定位，如地球表面上的点可用经度和纬度来定位。若用此办法来定位一颗人造卫星在某一时刻的位置，是否可行呢？答案是肯定的。

第一步：假设此时人造卫星位于点 D。相对于地球周围的空间而言，人造卫星的尺寸可以忽略不计，仅看作一个点即可。

第二步：连接人造卫星所在的点 D 和地心 O_E，其连线与地球表面相交于点 E，之后可用三个量来定位点 D 的位置：线段 DE 的长度、点 E 的经度和点 E 的纬度。此时，线段 DE 的长度称为人造卫星的高度，点 E 称为人造卫星的星下点。

用线段 DE 的长度和点 E 的经/纬度定位地球外一点

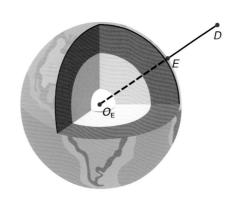

通过上述讲解可知，若以后有人问你某颗人造卫星的位置，你就可以回答：它的高度是 10000 千米，星下点的经度是东经 95°，纬度是北纬 41°。通过这三个量，即可定位这颗人造卫星。

小·提示

地球表面形状复杂，高低不平。为了将其标准化，我们用一个规则的"地球椭球体"（也叫"参考椭球体"）来近似代表地球。这个地球椭球体非常接近于一个球体。北斗系统使用的地球坐标系基于地球椭球体来定义，具体地说，是用 CGCS 2000 坐标系定义的椭球体。为了与北斗系统保持一致，这里提及的地球表面均指地球椭球体的表面，即地球椭球面。地球椭球面和海平面不同，各处高度差一般只有几米或更小，比航天尺度小好几个甚至更多量级。这就是为什么在第 1 章中提到"超出地球表面 5 千米"近似于"海拔 5 千米"。

由于人造卫星是不断运动的，因此一般来说，星下点会随着时间的推移不断发生变化，可用星下点轨迹来表示人造卫星相对于地球的运动。但有一种例外情况：地球静止轨道卫星，总位于赤道上空某个相对于地球不变的位置，地球旋转一圈，地球静止轨道卫星也旋转一圈，与地球同步，因此地球静止轨道卫星也被称为地球同步轨道卫星（规范地说，地球同步轨道卫星还包括倾斜地球同步轨道卫星）。地球静止轨道卫星的星下点是不动的，总位于地球基准面赤道上的某一点。

某颗人造卫星的星下点轨迹示意图

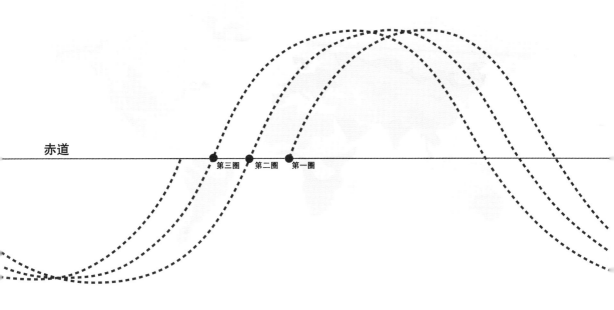

赤道　　第三圈　第二圈　第一圈

想一想　？　搜一搜

1. 量级是什么意思？
2. 地球静止轨道卫星的"静止"特性有何用处？

第5章

用卫星实现定位和授时

北斗及其他全球导航卫星系统（Global Navigation Satellite System，GNSS）的基本功能是定位，准确地说，是使用者的接收机通过接收导航卫星信号，读取其中的数据并加以运算，以获得接收机所在位置的经/纬度和高度。定位的过程是如何实现的呢？

让我们把问题简化一下，即将"全球导航卫星系统"转换为"汽笛声定位系统"。

假设有一条长30000米的直铁轨，将直铁轨的两个端点分别称为左端和右端。左端有火车站，每到整点，站内洪亮的汽笛会鸣响。汽笛声极具穿透力，整条铁轨沿线的人都能听见。

为了便于计算，假设此地声音的传播速度是300米/秒（请注意，在常温常压下，声音在空气中传播的速度约为340米/秒，但在高寒地区，如果足够冷，如−50摄氏度，则声音的传播速度会降到约300米/秒）。

你是一名快乐的司机，在把火车停在铁轨上的某处吃早餐时听见了汽笛声。此时手表上的读数为8:00:30，即8点过30秒。汽笛是在左端火车站整点时鸣响的，也就是说，你听到了30秒前的汽笛声。30秒乘以声音的传播速度300米/秒，等于9000米。于是，你知道自己位于距离铁轨左端9000米处。定位完成！

虽然"汽笛声定位系统"非常简洁，但有一个小缺点：要求你携带的计时器和火车站的时钟分毫不差。如果希望容忍计时器的误差，则可将"汽笛声定位系统"升级为"双车站汽笛声定位系统"。

用声音的传播速度乘以时间来计算自己与火车站的距离

8：00：00　　　　　　　8：00：30

左端火车站

9000米

现在，在直铁轨右端也建一座火车站。同样，右端火车站的洪亮汽笛声也在整点时鸣响。你仍是一名快乐的司机，把火车停在铁轨上吃早餐时听见了左端火车站的汽笛声，此时手表上的读数是 8:00:30，20 秒之后，又听到了右端火车站的汽笛声。那么，问题来了：

（1）你此刻在哪里？

（2）你的手表准吗？

若想回答以上两个问题，先来解一个简单的方程（此地声音的传播速度是 300 米 / 秒）。假设你距离左端火车站 x 米，考虑到直铁轨的总长为 30000 米，所以你距离右端火车站（30000−x）米。由于听到右端火车站的汽笛声晚于左端火车站的汽笛声 20 秒，即

$$x/300+20=(30000-x)/300$$

解得 x=12000 米。因此，此时你距离左端火车站 12000 米。

"双车站汽笛声定位系统"示意图

8:00:00　　　　　　　　　8:00:40 | 8:01:00　　　　　　　　　　8:00:00

左端火车站　　　　　　　　　　　　　　　　　　　　　右端火车站

12000 米　　　　　　　18000 米

小·提示

在"汽笛声定位系统"中，如果能确保使用者的计时器与系统计时器（火车站内的时钟）完全同步，则只需要 1 座火车站（一个参照物）即可确定位置。考虑到使用者的计时器与系统计时器存在误差，因此又增加了 1 座火车站（共两个参照物），两个参照物均向使用者发出信号，就可通过计算使用者的计时器与系统计时器的误差值，同时获得定位信息和"钟差"，为使用者定位和"授时"。

由于左端火车站的汽笛声于8点整从左端火车站发出，需要40秒才能传播12000米，但听到左端火车站的汽笛声时，你的手表读数为8:00:30，因此手表慢了10秒。

通过以上分析可知，"双车站汽笛声定位系统"既能完成定位，又能校准手表。现将"双车站汽笛声定位系统"和"全球导航卫星系统"进行比较，以便读者进行对比分析。

系统	双车站汽笛声定位系统	全球导航卫星系统
基本功能	定位、授时	定位、授时
参照物	火车站	卫星
参照物位置信息	确定	通过信号获取
信号载体	声波	电磁波
定位坐标值个数	1（与任意火车站的距离）	3（经度、纬度、高度）

类似情况在全球导航卫星系统中也存在。如果能确保用户接收机的计时器与系统计时器（人造卫星上的原子钟）完全同步，则用户接收机只需要同时收到3颗人造卫星的信号，即可获得3个定位坐标，并确定用户接收机的经度、纬度、高度。考虑到用户接收机的计时器与系统计时器的时间差，因此增加1颗人造卫星，让用户接收机至少同时收到4颗人造卫星的信号，通过计算出的3个定位坐标，以及用户接收机的计时器与系统计时器的差值，为使用者定位和"授时"（提供准确的时间）。

想一想　搜一搜

1. 假设你乘坐的飞机正在平流层飞行，客舱内的声音传播速度和窗外的声音传播速度哪个更快？
2. 爱因斯坦使用的四维时空概念是什么意思？

第6章

北斗系统的基本功能

很多人都知道，北斗系统功能强大。那到底北斗系统具有哪些功能呢？综合来看，北斗系统具有三大基本功能——定位、导航、授时，以及一项附加功能——短报文通信。

小·提示

只要是全球导航卫星系统，都具有定位、导航、授时三大基本功能。那北斗系统属于全球导航卫星系统吗？严格来说，北斗三号属于全球导航卫星系统，但北斗一号和北斗二号因只为亚洲地区或亚太地区提供服务，并不属于全球导航卫星系统（属于区域导航卫星系统）。

北斗的第一大基本功能是定位。通过之前的内容可知，因为用户接收机的时钟和人造卫星上的原子钟存在时间差，时间差是计算出位置坐标的必要信息，所以北斗三号的用户接收机必须同时收到至少4颗北斗卫星的信号才能成功定位（计算出用户接收机所在位置的坐标，并用3个量表示：经度、纬度、高度）。不只是北斗三号，另三种GNSS——美国的GPS、俄罗斯的格洛纳斯（GLONASS）、欧洲的伽利略（Galileo或GSNS）的用户接收机，也必须同时收到至少4颗各自导航卫星的信号才能实现定位。

北斗的第二大基本功能是导航。可能有人会问：既然北斗系统具备定位功能，当然也具备导航功能了，有必要分开讲吗？请想一想，在具备定位功能后，就一定能导航吗？答案是不一定。能否导航的关键在于能在多长时间内完成定位。假设你打开定位设备，下达定位指令，经过漫长的运算，如一年之后，定位设备显示出你下达定位指令时的位置信息，虽十分准确，但对导航而言已失去了价值。所以，在具备定位功能后，若想实现导航功能，则用"年"作为时间尺度反馈信息显然是行不通的，至少要用"秒"作为时间尺度。

肯定有人会反驳："秒"也不行呀！若汽车以 120 千米 / 小时的速度行驶，则 1 秒可行驶 33.33 米，5 秒可以行驶 160 多米，道路的出口都错过了！很对，只要不是真正"实时"获得的位置信息，都会有误差。如果能以"秒"为时间尺度反馈信息，并且不断定位，比如，每 1 秒甚至每 0.1 秒定位一次，就能通过绘制运动曲线，大致推算出实时位置。

如何推算出实时位置呢？下面来详细说说。假设用户接收机能够报告其在 5 秒前的位置，之后每 1 秒报告 1 次，并据此绘制出用户接收机的运动曲线。根据这条曲线，是否可以大致确定（拟合）用户接收机的实时位置呢？如果只有这条曲线，则很难确定。列举一种极端情况：用户接收机在一位醉汉手中，他在任何时刻都有可能改变走路的方向和速度，那通过延迟 5 秒的用户接收机运动曲线，只能判断此刻用户接收机处在某个区域。即使用户接收机位于汽车中，汽车正常行驶，运动曲线很有规律，5 秒的时间也足以更换一条行驶路线了。

好在我们还有感知速度变化和方向变化的传感器：能感知速度变化的传感器被称为加速度计；能感知方向变化的传感器被称为陀螺仪。加速度计和陀螺仪装在定位设备上（这里的定位设备可以是车载北斗接收机，也可以是手机）。

加速度计

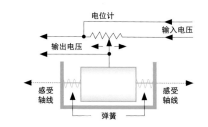

陀螺仪

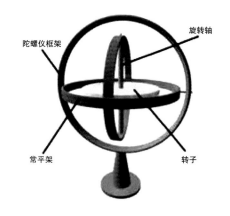

以手机为例，装有三向加速度计的手机可以感知前后、左右、上下三个方向的加速度；装有陀螺仪的手机能感知手机的转动。例如，在手机向下的加速度接近重力加速度（约 $9.8m/s^2$）时，手机可通过传感器感知竖直方向的加速度，并判断手机正在跌落，从而通过自动关闭手机来最大限度地避免撞击地面时手机里的数据丢失。通过加速度计和陀螺仪实时提供的速度变化和方向变化数据，能够比较准确地计算出一段时间（如60秒）内手机的运动曲线。

现在将手机的运动曲线、加速度计数据和陀螺仪数据结合起来。

第一步：先把5秒前的手机运动曲线绘制在电子地图上。

第二步：通过加速度计和陀螺仪的实时数据，计算出最近5秒的手机曲线，并与之前的手机曲线连接。

第三步：假设用户手机每1秒报告1次位置，因此1秒后，导航软件再次获取一个位置信息（第一步开始时刻之前4秒的位置），将新获取的位置信息和第二步计算出的当时位置信息互相校准，并标在电子地图上。

第四步：回到第二步，循环运行第二步和第三步。

只要导航卫星数据的精度、加速度计数据和陀螺仪数据的精度可靠，用这种方法得到的手机实时轨迹就可靠。

小·提示

陀螺仪的作用：打开导航软件，当前位置一般用一个小箭头表示；若平放手机，则小箭头在电子地图上标出的方向与手机屏幕上沿的实际朝向对应；若转动手机，则小箭头也随之转动，说明陀螺仪感知到了手机的方向变化。

也就是说，当导航卫星接收机的定位功能能够提供几秒内的位置信息时，结合接收机内置的加速度计、陀螺仪，就可以实现导航。

北斗的第三大基本功能是授时。我们已经知道，接收机要同时计算 4 个量，包括位置坐标的 3 个量及 1 个

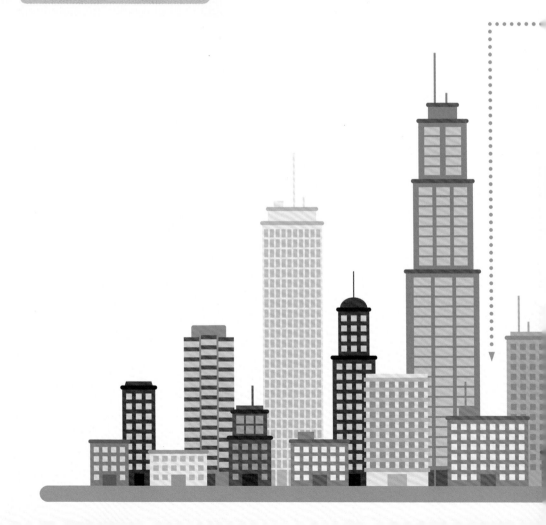

电子工业

时间差——接收机内时钟与卫星上原子钟的时间差，被称为接收机钟差。利用接收机钟差校准接收机内时钟，即可实现北斗系统的第三大基本功能——授时。

北斗系统的附加功能——短报文通信，将在第 12 章中进行详细介绍，这里不再赘述。

想一想　搜一搜

1. 还能利用手机中的陀螺仪和加速度计实现哪些功能？
2. 如果定位耗时很长，不适合用来导航，那还能有什么其他用途呢？

第7章

北斗三号的构成（一）

——空间段

北斗三号是一个系统。当我们说系统的时候，通常是指由多个部分构成的整体。北斗系统分为二部分：空间段、地面段和用户段。本章先来介绍空间段——北斗三号的卫星。

小·提示

　　北斗三号共有 30 颗卫星，分为 3 种：24 颗 MEO 卫星、3 颗 GEO 卫星、3 颗 IGSO 卫星。三种卫星各有昵称：MEO 卫星——萌星；GEO 卫星——吉星；IGSO 卫星——爱星。昵称是怎么来的呢？看看它们的第一个字母 M、G、I 就知道了。

GEO 卫星、IGSO 卫星、MEO 卫星的轨道

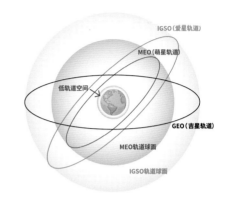

　　MEO 卫星的轨道倾角为 55°。轨道倾角用来表示卫星轨道平面和地球赤道平面的夹角。

MEO 卫星的轨道倾角

　　三种卫星的轨道如右图所示。

　　24 颗 MEO 卫星（中圆地球轨道卫星）是北斗三号的基础。如果只有 24 颗 MEO 卫星，北斗三号也能为全球用户提供定位导航服务。中圆地球轨道中的"中"字是指轨道高度为"中"（轨道高度约为 21500 千米）；"圆"字是指轨道形状为近似于圆的椭圆。在 21500 千米的轨道高度飞行的 MEO 卫星，一天能绕地球转两圈。

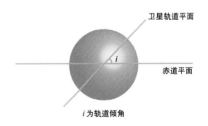

轨道平面是什么呢？想象一下，卫星一圈圈地绕着地球飞行。在稳定的飞行状态下，每圈的轨迹与上一圈的轨迹基本重合。因此，我们把卫星稳定飞行的轨迹称为工作轨道，工作轨道所在的平面称为轨道平面。MEO卫星的工作轨道是一个近似于圆的椭圆，若绘制出来，则像地球的"呼啦圈"。"呼啦圈"有55°的倾角，即与赤道平面的夹角为55°。

赤道平面又是什么呢？地球赤道是一个圆，如果我们想给地球测量"腰围"，则可用一根卷尺沿着赤道测量："腰围"达到4万千米！赤道所在的平面被称为赤道平面。

小·提示

24颗MEO卫星并不挤在一个"呼啦圈"上，它们分为3组，每组8颗，均匀分布在3个轨道平面上——可以想象成它们在3个大"呼啦圈"上飞行。各轨道平面之间的夹角均为120°，因此24颗MEO卫星均匀分布在360°的空间内，可在每时每刻覆盖全球，让处在地面上任何位置的北斗定位接收机，在没有遮挡的情况下，都可同时"看见"至少4颗北斗卫星。

那MEO卫星工作轨道（看成一个圆）的直径是多少呢？如果以卫星高度乘以2进行计算，那就错了，因为地球还有尺寸："腰围"达到4万千米。地球的半径约为6400千米，若将圆周率近似为3.14，则圆周长为40192千米，是不是和刚才测量的地球"腰围"尺寸吻合？卫星的高度是从地球表面开始测量的，加上地球半径才是卫星轨道半径。所以，MEO卫星的工作轨道半径为27900（21500+6400）千米，直径为55800千米，即MEO卫星飞行在直径约为5.6万千米、周长约为17.5万千米的"呼啦圈"上，"呼啦圈"和地球赤道平面呈55°的夹角。

GEO卫星（地球静止轨道卫星）和IGSO卫星（倾斜地球同步轨道卫星）各有3颗，都属于地球同步轨道卫星，主要用于增强亚洲区域用户的定位精度。地球同步轨道卫星中的"同步"有两个含义：一是卫星围绕地球转一圈的时间与地球自转一圈的时间相等；二是卫星由西向东运行，与地球自转方向一致。由于地球静止轨道平面和赤道平面重合，卫星相对于地球是静止的，因此在地球上的人看来，卫星在天上一动不动。

小·提示

倾斜地球同步轨道和地球静止轨道都是近似于圆的椭圆，大小相等，卫星的运行周期也相等（都是一天绕地球一圈），因此两种轨道的高度（约为36000千米）、工作轨道的半径也相等（地球半径按6400千米计算，工作轨道的半径等于轨道高度加上地球半径，约为42400千米）。不同的是，地球静止轨道平面和赤道平面重合；倾斜地球同步轨道平面和赤道平面之间有一个不为0的夹角，是倾斜的。

想一想　　　搜一搜

1. 飞行高度在1000千米以下的两颗低轨道人造卫星（如300千米和900千米），高度差可能有几倍？为什么它们绕地球飞行一圈的时间却相差不大？

2. 卫星的倾角是指卫星轨道平面和地球赤道平面的夹角，如果我们讨论地球转轴的倾角，那你猜一猜，应该是哪两个平面的夹角呢？

第8章
北斗三号的构成（二）
——地面段

北斗三号的 30 颗卫星共同构成了北斗三号的空间段。那是否把人造卫星发射上天后，北斗三号就能自动运转起来呢？当然不行，这些围绕地球运转的人造卫星需要不断被"照顾"，"照顾"它们的正是地面工作团队和地面设施，我们将其称为北斗三号的地面段。

地面设施被布设在很多地方，包括多种地面站，以及用于管理星间链路运行的设施。北斗三号一共拥有三种地面站：主控站、时间同步/注入站、监测站。它们就像一组彼此啮合的齿轮，密切合作，时刻保持运转，从而完成三大任务：

第一大任务是实时监测北斗卫星的运行状态。

第二大任务是生成包含卫星星历、钟差等参数的导航电文信息。

第三大任务是向卫星注入导航电文信息和飞行控制命令。

主控站是整个系统的指挥部，负责北斗三号的运行控制。主控站要收集从各个监测站获得的每颗卫星的实时数据，生成每颗卫星的导航电文信息，并由时间同步/注入站转发到各颗卫星上。主控站还会分析卫星的飞行状态，如果需要调整某一颗卫星的飞行状态，则主控站会向位置合适的时间同步/注入站发送指令，由时间同步/注入站发送给卫星。主控站就像北斗三号的大脑，非常重要，以至于必须时刻保持就绪状态。为了确保可靠，还另建了一个备份的主控站。不管因为什么原因主控站暂时不能工作，备份主控站都能立即接手，整个系统切换到由备份主控站指挥。

备份是航天工程中的常用办法，即为"A 计划"发生意外情况而准备一个"B 计划"。比如，要发射一颗卫星，卫星厂会制造两颗一模一样的卫星，并且两颗卫星都能满足技术要求，都经过了严格测试，都在发射场待命。此时，由"A 计划"发射的卫星称为"主份星"，与之相对的是"B 计划"的"备份星"。

小·提示

2021年6月17日，在我国通过长征二号F火箭发射神舟十二号飞船运送3名航天员进入天官空间站时，就同时准备了一枚备份火箭和一艘备份飞船。发射前，主份火箭、备份火箭、主份飞船、备份飞船，都被运送到酒泉卫星发射中心，在各自的位置做好执行任务的准备。若有必要，地面设施设备也会有备份。例如，截至2021年，远望号测量船（或称测控船）共有7艘，其中，远望一号、远望二号、远望四号已退役，现役的4艘（远望三号、远望五号、远望六号、远望七号）互为备份，经常航行在太平洋、大西洋和印度洋上，是可以移动的地面站。

不管是哪种卫星导航系统，都要求所有卫星能为用户接收机提供一致的时间信息，否则无法完成定位。就像我们此前设想的"双车站汽笛声定位系统"，如果两座火车站的时钟不同步，则火车站连线上的人是无法通过汽笛声来定位的。虽然北斗卫星上的时钟比我们平时用的时钟准确，但仍需要校准，因为北斗卫星几乎不能容忍出现时间不同步的时钟误差。

为了确保整个系统的时间同步，北斗三号设定了作为基准的"系统时"。

首先，主控站通过从各个监测站获得的卫星数据，计算每一时刻卫星上的时钟与"系统时"的偏差（被称为钟差）。

然后，把钟差编入各颗卫星的导航电文。

最后，通过时间同步/注入站把导航电文发回各颗卫星。

如此操作后，用户使用的北斗接收机收到的导航电文都含有各颗卫星的钟差信息，在计算导航电文的发出时刻和接收时刻的时间差时，可用钟差进行修正。

　　请来估算一下：百万分之一秒的时钟误差大概会带来多大的定位误差？用户使用的北斗接收机收到由一颗卫星（称之为卫星A）发出的导航电文，北斗接收机从中读取了导航电文的接收时刻，并通过同时接收到的多颗卫星的导航电文，推算卫星A导航电文的发出时刻，利用接收时刻减去发出时刻获得的时间差乘以光速，即为北斗接收机与卫星A之间的距离。北斗接收机需要利用同样的方法算出至少与三颗卫星的距离，并且这三颗卫星的空间位置关系要比较好（卫星与北斗接收机的连线要指向不同方向，不能聚集在一起，北斗接收机也不能处在某两颗卫星的连线上），才能通过这三个距离计算出北斗接收机所处位置的经度、纬度和高度。

　　百万分之一秒（0.000001秒）是1微秒。如果卫星A的时钟存在1微秒的误差，光在真空或地球大气中的传播速度约为30万千米每秒，也就是300000000米/秒，则计算出的北斗接收机与卫星A的距离将产生300米的误差，即产生百米量级的定位误差。

$$0.000001 \times 300000000 = 300（米）$$

如果主控站想和卫星"打个招呼",则需要时间同步/注入站的"帮忙"。时间同步/注入站的主要功能有两个:时间同步和注入。

时间同步功能:用于确保北斗三号的空间段(卫星)和地面段(地面站等)使用同步的钟表,即全部与北斗三号主控站确定的"系统时"对表。当然,确保时间同步也不全是地面站的功劳,北斗三号搭载了通信设备,所有卫星之间都能实现双向通信,这对提高系统的时间同步精度贡献很大。

注入功能:注入的意思是把指令从地球表面送达卫星。当主控站发现某颗卫星位置存在偏差,或者角度存在偏差时,需要执行一连串的校正动作:首先,主控站生成相应的指令参数,并发给位置合适的时间同步/注入站,由时间同步/注入站发送给卫星;然后,卫星按照收到的指令精确地开启执行装置——能喷出压缩气体的推力器或偏置动量轮,以实现加速、减速、平移或旋转。

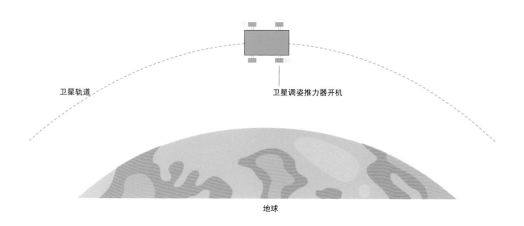

卫星轨道

卫星调姿推力器开机

地球

不同于时间同步/注入站(既能接收来自卫星的信号,又能向卫星发送信号),监测站通过连续监测来自卫星的信号,为主控站提供数据,即只从卫星接收信号,不与卫星"说话",只与主控站"说话"。在有了监测站提供的数据后,主控站能够生成包含卫星星历、钟差等参数的导航电文信息,并经由时间同步/注入站发送给各颗卫星;通过从监测站获得的卫星飞行数据,主控站能够了解各颗卫星的飞行状态，并依据这些数据，在必要时生成某颗卫星的飞行调整命令，经由时间同步／注入站发送给相应卫星。

聪明的设计师们还为北斗三号"星座家族"加上了星间链路，从而实现卫星之间的通信。也就是说，天上的北斗卫星之间可以开启"聊天"模式。有了星间链路，时间同步／注入站不但可以直接向一颗卫星发送导航电文信息和飞行调整命令，还可以通过其他卫星"转达"信息和命令；我们不必在其他国家修建地面站，也不必依赖大洋里的远望号测量船，就能向运行在地球另一面的北斗卫星发送信息，并能及时获得它们发出的信息。总之，星间链路让北斗三号的地面段得到了极大简化。

想一想　🔍？　搜一搜

1. 北斗卫星和东方红三号卫星有什么共同点?
2. 卫星姿态是指什么? 怎样调整姿态?

第 9 章

北斗三号的构成（三）
——用户段

简单来说，空间段是指北斗卫星；地面段是指运营、维护北斗卫星的地面设施；用户段是指供用户使用的北斗终端设备。任何一台北斗终端设备都既包含硬件，又包含软件，并且一定是硬件和软件共同起作用才能实现预设的功能。

北斗终端设备既可能是一台仪器、一个消费电子产品，也可能是其他产品的一部分，如手机中的北斗导航模块。无论是单独的北斗终端设备，还是北斗导航模块，都可以将其称为接收机，因为这些设备全部需要通过接收来自北斗卫星的信号，才能为用户提供定位、授时、通信等服务。

我们把北斗终端设备大致分为三类：集成在消费电子产品或交通工具中的北斗导航模块，单独的北斗终端，具有特殊用途的北斗终端。

第一类北斗终端设备的数量最多。目前，中国市场上的大部分智能手机都内置了北斗导航模块，用于提供定位、导航服务。五花八门的可穿

戴设备也越来越多地采用了北斗导航模块，如儿童手表、运动手环等，以及具有定位功能的老人拐杖、定位鞋、定位书包、防走失追踪器等都很受欢迎。手机和可穿戴设备属于消费电子产品。在交通工具中内置北斗导航模块的也不少，常见的有共享单车、家用汽车等。

把北斗接收机设计成其他设备的模块至少有两大好处：

一是方便使用。手机中内置北斗导航模块，当用户需要导航时，不必额外携带一台接收机。北斗导航模块为手机和可穿戴设备增加了导航功能，使用起来更为方便。

二是可以兼容其他卫星导航系统。市面上的卫星导航模块种类繁多，可基于多种卫星导航系统进行定位和导航：有的兼容 GPS 和北斗系统，有的兼容 GPS、北斗系统、格洛纳斯（GLONASS），有的兼容 GPS、北斗系统、格洛纳斯、伽利略（Galileo 或 GSNS）。兼容三种卫星导航系统的模块最为常见。

若用户只需要基本的定位、导航功能，则内置在其他设备中的北斗导航模块就可轻松胜任。但若用户希望在定位、导航功能的基础上，还能使用北斗系统的短报文通信功能，则必须购买单独的北斗终端才行（目前，个别手机也集成了北斗系统的短报文通信功能）。

小·提示

用户在拥有了内置短报文通信功能的单独的北斗终端后，相当于拥有了一部没有语言通话功能但可收发短信的卫星电话，即便在没有手机信号的地方，也不用担心失联。

沙漠、戈壁、森林、大海……都以它们的独特魅力和丰富资源吸引着极限旅行者、科考勘探者和渔业工作者。由于北斗系统提供了短报文通信功能，因此手持式、船载式和车载式北斗终端成了人们出入荒野和远海的常备工具。手持式、船载式、车载式北斗终端又被称为北斗导航仪、北斗定位仪等。

除了兼具短报文通信功能的一般北斗终端，还有一些特殊用途的北斗终端，主要分为两类：精密测量终端和精密定时终端。

精密测量终端：把一台精密测量终端放置在一个位置，经过一段时间后，该终端可提供所在位置的经度、纬度、高度等准确信息，或者感知位置变化，主要用于大地测量和工程测量。例如，监测山体滑坡的传感器其实也是精密测量终端，即在监测点安装传感器，用于感知山体的位置变化（可精确到毫米级），如果山体的位置加速变化，有出现滑坡、塌方的可能，则传感器会立刻发出预警信号。

精密定时终端：用于需要精确时间信息的行业，如通信行业、电力行业等。常见的精密定时终端是一个黑色的扁盒子，放在机架上与其他设备混在一起，一点都不起眼。别看它很"低调"，它的本事却不小。在北斗系统的授时功能，以及地面站的帮助下，精密定时终端可以提供精度高于 50 纳秒的时间信息，有的甚至能达到 10 纳秒以内！10 纳秒有多短呢？1 纳秒是十亿分之一秒，也就是 0.000000001 秒。例如，苏炳添以 9.83 秒的成绩闯入东京奥运会田径男子 100 米决赛，破亚洲纪录，平均速度为 10.173 米 / 秒。若苏炳添再以这个速度跑 10 纳秒，则苏炳添的移动距离是 0.00010173 毫米，约等于 0.1 微米。

小·提示

通过精密测量终端监测山体滑坡已经有了多次成功的预警案例。例如，2019 年 10 月，在甘肃省永靖县发生大型山体滑坡之前，用于监测山体滑坡的传感器提前监测到了地质灾害隐患，并发出预警，附近人员得以及时撤离。

想一想 搜一搜

1. 除了通信行业、电力行业，还有哪些行业需要特别精确的时间信息呢？

2. 正文提到的"纳秒"，其中，"秒"是时间单位，"纳"是什么呢？

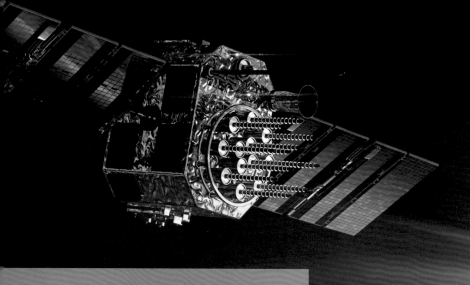

第 10 章

4 种全球导航卫星系统

GNSS 是全球导航卫星系统的缩写，共有 4 种，4 种 GNSS 又各有缩写。

GPS——全球定位系统，是美国的全球导航卫星系统，通用名为 GPS。

BDS3——北斗三号卫星导航系统，是中国的全球导航卫星系统，通用名为北斗三号、BDS3、BDS 或 BeiDou。北斗三号卫星导航系统是北斗卫星导航系统的第三代。

GLONASS——全球导航卫星系统（中文译名和 GNSS 的中文译名相同），是俄罗斯的全球导航卫星系统，通用名为 GLONASS 或格洛纳斯。

GSNS——伽利略导航卫星系统，是欧盟的全球导航卫星系统，通用名为 Galileo 或伽利略。

BDS3　　　　　　　　　　GPS

GLONASS　　　　　　　　GSNS

GPS 的第一颗正式卫星于 1978 年发射升空。GPS 是建成最早，目前全球应用最广、市场规模位居第一位的 GNSS。GPS "星座家族" 共有 24 颗正式卫星，并均为中圆地球轨道（MEO）卫星，平均轨道高度为 2.02 万千米，比北斗三号 "星座家族" 中 24 颗中圆地球轨道（MEO）卫星的平均轨道高度（2.15 万千米）略低。北斗三号 "星座家族" 中还有 3 颗地球静止轨道（GEO）卫星和 3 颗倾斜地球同步轨道（IGSO）卫星，比 GPS "星座家族" 多 6 颗卫星。我们可以把北斗三号 "星座家族" 理解为一个增加了 6 颗更高轨道卫星的 GPS "星座家族" 加强版。

格洛纳斯（GLONASS）由苏联人设计，于 1985 年发射了第一颗正式卫星。

苏联解体后，俄罗斯继续完成 GLONASS 中其余卫星的发射。与 GPS "星座家族" 一样，GLONASS "星座家族" 也由 24 颗中圆地球轨道（MEO）卫星构成，平均轨道高度比 GPS 略低，为 1.91 万千米。

GSNS 由欧盟研制和建立，是多国合作的产物。GSNS "星座家族" 共设计 30 颗中圆地球轨道（MEO）卫星，平均轨道高度比北斗三号的 MEO 卫星还高，为 2.36 万千米。

4 种全球导航卫星系统各有所长，可同时为遍布全球的用户服务。经过数据格式的国际标准化操作后，4 种全球导航卫星系统实现了一定程度上的射频兼容和信号互操作。因此，用户才能用到兼容 2 种、3 种、4 种全球导航卫星系统的 GNSS 芯片。秉持开放共享的态度，4 种全球导航卫星系统协调合作，互为备份，可为全球用户提供更加优质的服务。

小·提示

正式卫星的意思是指在全球导航卫星系统内正式使用的卫星，而不是在系统建设早期用于测试、验证的卫星。

若按首颗正式卫星发射年份为 4 种导航卫星系统排序，则 GPS 排第一（1978 年），GLONASS 排第二（1985 年），北斗排第三（2000 年），GSNS 排第四（2011 年）。需要说明的是，在 2000 年发射的并不是北斗三号卫星，而是北斗一号卫星。

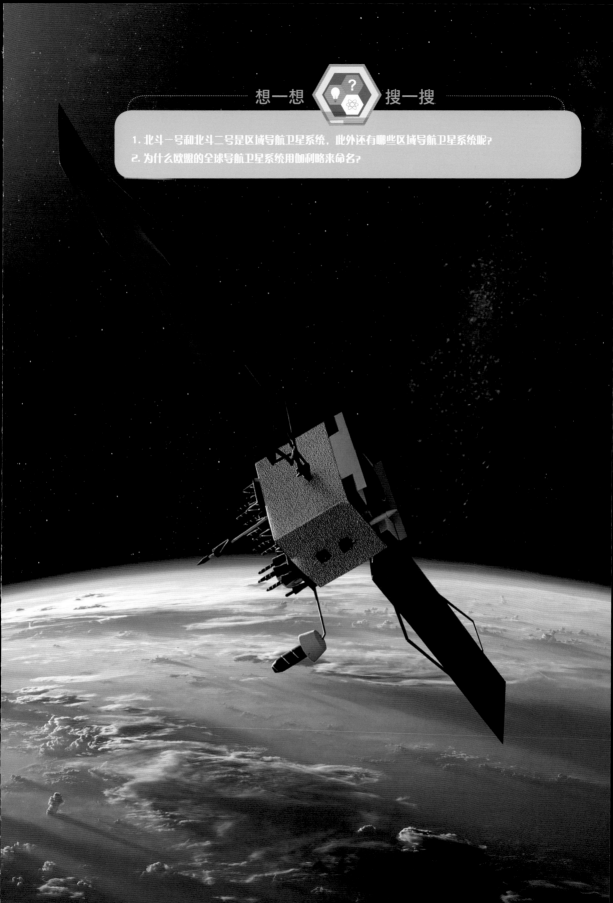

想一想　搜一搜

1. 北斗一号和北斗二号是区域导航卫星系统，此外还有哪些区域导航卫星系统呢？

2. 为什么欧盟的全球导航卫星系统用伽利略来命名？

第 11 章

北斗三号有什么不同（一）
——亚洲定位精度更高

北斗三号可免费为全球用户提供全天候、全天时、高精度的定位、导航和授时服务，且在亚洲的定位精度更高。为什么亚洲能在北斗三号中受到"优待"呢？原因有两个：一个原因在天上，另一个原因在地面。

先来说说亚洲在北斗三号中受到"优待"的第一个原因：天上增加了可见卫星数量。

24 颗 MEO 卫星是在全球"游走"的，GEO 卫星和 IGSO 卫星则"常驻"在亚洲上方。

一颗 GEO 卫星的星下点轨迹

小·提示

与北斗三号不同，美国的 GPS、俄罗斯的格洛纳斯和欧盟的伽利略，都只有中圆地球轨道（MEO）卫星，分别有 24 颗、24 颗和 30 颗。北斗三号独创"混合星座"构型，在 24 颗 MEO 卫星之外，又增加了 3 颗地球静止轨道（GEO）卫星和 3 颗倾斜地球同步轨道（IGSO）卫星。

赤道

如果在某地你能看见一颗 GEO 卫星，就会发现，它在天上一动不动。如果能看见一颗 IGSO 卫星呢？你会发现，它在天上一直慢慢地沿着巨大的 8 字形轨道飞行，24 小时走完一个 8 字形，有时候在南天，有时候在北天，但不会离开你的视线。如果你想一直盯着一颗 MEO 卫星呢？那是不可能的，它过一段时间就会因飞到地平线下面而消失不见，几小时后才能从另一边的地平线下飞出来。

在有了"常驻"在亚洲上方的 GEO 卫星和 IGSO 卫星后，位于亚洲

的定位接收机就能收到更多的卫星信号，就会有更多的数据参与计算，从而产生更加精确的定位。

之前已经介绍过，标准的卫星定位要求接收机至少能够同时收到 4 颗卫星的信号，并且这 4 颗卫星还要具有比较好的位置关系，不能出现其中两颗卫星距离太近的情况。因为有了 GEO 卫星和 IGSO 卫星的帮助，身处亚洲的用户很少会遇到可见卫星数量不够，以及可见卫星位置关系不理想的情况。可以说，北斗三号专门为亚洲地区增加了可见卫星数量，就像

一颗 IGSO 卫星的星下点轨迹

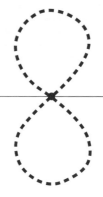

赤道

城市中心的地铁多修几条"加密线"一样。

再来说说亚洲在北斗三号中受到"优待"的第二个原因：地面上大量布设了北斗基准站。

为了便于理解，先来介绍一个重要知识点——差分。之前的内容已经介绍过，通过星间链路实现了北斗卫星之间的通信，即地面站与某一颗北斗卫星之间的通信可通过其他北斗卫星中转。这样一来，我国不必在其他国家修建地面站。

小·提示

北斗三号一共拥有三种地面站：主控站（需要两个，一个主份，一个备份）、时间同步 / 注入站（不需要很多）、监测站（数量多）。监测站不仅可以连续监测来自卫星的信号，并传输到主控站，作为维护北斗三号"星座家族"运行的基础数据，还可以为用户段服务，也就是为用户接收机提供差分信号。

一颗 MEO 卫星的星下点轨迹

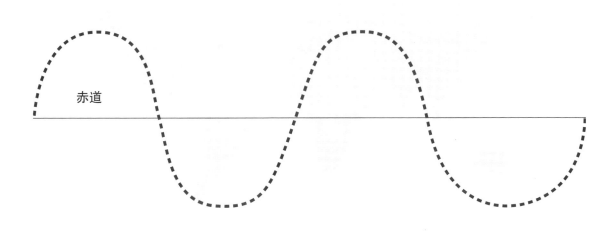

赤道

那什么是差分呢？差分就是通过为用户接收机提供改正数据来提高定位精度的方法。假设你在某地手持北斗导航仪（北斗接收机的一种），可接收到 4 颗北斗卫星的信号，并且这 4 颗北斗卫星的位置关系比较好，足以解算出你所在位置的坐标。按照北斗三号民用信号的一般定位精度，此时获得的位置坐标可精确到 10 米以内。

若在几十千米内设有监测站，则通过"奇妙"的差分，你就能获得更高的定位精度。下面我们讨论一种原理最简单的差分方法：假设你与一个监测站的距离约为 30 千米，所接收到的信号与北斗导航仪接收到的信号都来自相同的 4 颗北斗卫星。监测站中的接收机解算出一组监测站定位坐标，设为 $(\lambda_1, \varphi_1, h_1)$。监测站布设在固定的位置，此前已经用其他测量方法获得了至少精确到厘米的定位坐标，设为 $(\lambda_0, \varphi_0, h_0)$，求监测站定位坐标与精确定位坐标之间的误差，即经度、纬度、高度的差值，分别用 $\Delta\lambda$、$\Delta\varphi$、Δh 表示。

$$\Delta\lambda = \lambda_1 - \lambda_0$$
$$\Delta\varphi = \varphi_1 - \varphi_0$$
$$\Delta h = h_1 - h_0$$

此时监测站的定位坐标与北斗导航仪获得的定位坐标都来自对相同 4 颗北斗卫星信号的解算。监测站位于附近，意味着可以用 $\Delta\lambda$、$\Delta\varphi$、Δh 来改正北斗导航仪解算的坐标。设北斗导航仪解算卫星信号获得的定位坐标是 $(\lambda_2, \varphi_2, h_2)$，下面进行改正计算，从而获得一组定位坐标 $(\lambda_3, \varphi_3, h_3)$，即

$$\lambda_3 = \lambda_2 - \Delta\lambda$$
$$\varphi_3 = \varphi_2 - \Delta\varphi$$
$$h_3 = h_2 - \Delta h$$

直接解算卫星信号得到的坐标 $(\lambda_2, \varphi_2, h_2)$ 精度约为 10 米，经过差分改正后的坐标 $(\lambda_3, \varphi_3, h_3)$ 精度可以达到分米级，甚至厘米级。

我国境内已经布设大量用于提供差分服务的监测站。由于从功能上说，提供差分服务的监测站起到了定位基准的作用，因此，更多人称其为北斗基准站。这些北斗基准站，能为我国和邻近国家的用户提供差分服务，从而提高北斗接收机的定位精度。这就是亚洲在北斗三号中受到"优待"的地面原因。

小·提示

用户的北斗接收机如何获得附近监测站的差分改正信息呢？办法有多个：监测站和北斗接收机可使用手机信号网络通信，这时监测站和北斗接收机就像两个互发短信的手机；可以让监测站把差分改正信息通过无线电信号广播出去，北斗接收机像收音机一样收听即可；差分改正信息可以通过北斗卫星转发到北斗接收机。虽然通过计算坐标误差进行改正只是差分算法的一种，但其他通过基准站来提高定位精度差分算法的原理与其类似。

北斗接收机

拓 展 阅 读

虽然北斗基准站可以成千上万地布设，但若想实现覆盖全国，则工程过于庞大，并且有些地方人迹罕至。若一定要在该地布设北斗基准站，则投入和回报显然不成正比：只有科考、勘探等人员偶尔使用。那么，在没有北斗基准站的地方，如何提高定位精度呢？聪明的设计师们把北斗三号"星座家族"中的3颗一直"留守"在亚洲上空的地球静止轨道（GEO）卫星变成了天上的基准站：亚洲用户都能接收到北斗GEO卫星的信号。基于这一特点，北斗地面监测站就能够持续获得卫星信号，计算误差改正信息，并通过时间同步／注入站发送给GEO卫星。GEO卫星持续播发误差改正信息。这些信息被分为很多组，北斗接收机可根据所在区域和此刻的可见卫星，选择有用的误差改正信息。通过这种方式，至少可以把定位精度从10米提高到1米。

基于卫星来提高定位精度的服务，被称为星基增强。按照专业人士的说法："北斗系统目前的星基增强和精密单点定位服务，可为中国及周边地区提供动态分米级、静态厘米级的高精度定位服务，可满足自动驾驶、国土测绘、精准农业等领域用户的高精度服务需求。"所以，只要你在亚洲使用北斗系统，即便在周围几十千米的范围内没有北斗基准站，也不用过于担心精度问题。

相应地，通过北斗基准站等地面设施来提高定位精度的服务，被称为地基增强。地基增强比星基增强的定位精度高出一个数量级，能达到动态厘米级、静态毫米级。

在有了星基增强和地基增强的助力后，亚洲的北斗用户能够获得更高精度的定位服务。

北斗基准站

想一想　　搜一搜

1. 在利用常用的尺子测量一支铅笔的长度时，有什么办法可以尽量减小测量误差？

2. 如果可以更换工具来测量一支铅笔的长度，你会通过怎样的工具来提高测量精度？

第 12 章

北斗三号有什么不同（二）
——短报文通信

天上的事情暂且放下，下面介绍一下全球通信问题。今天的地球人在讨论通信问题时，最先想到的可能是手机，有线电话的存在感已经很低了。但无论是有线电话，还是手机，都需要通信网络的支持。有线电话和手机一样，都作为终端设备接入网络。两者的区别在于有线电话的通信网络包括交换设备和传输线路（电线或光缆），手机的传输功能通过无线电信号完成。

小·提示

手机的通信原理与有线电话的区别不大，但其交换功能由基站完成。由于手机基站的覆盖范围呈相邻的六边形排列，看起来像蜂窝一般，因此手机又被称为"蜂窝电话"。

生活在城市或乡镇聚居区的人，可能觉得手机有信号是常态，没信号是例外，但就整个地球而言，没信号是常态，有信号才是例外。例如，在荒无人烟的高山、沙漠、沼泽、森林、海洋中的广大区域，常常没有信号。

若此时需要进行远距离通信，应该怎么办呢？

办法 1：使用业余无线电台。虽然其使用起来很有意思，但使用有"门槛"，需要提前学习专门的无线电通信知识。

办法 2：使用卫星电话。卫星电话的基站在太空，覆盖面比地面上的蜂窝基站广得多。目前，中国市场上常见的卫星电话系统有 4 种：海事卫星、铱星、欧星、天通一号。卫星电话的资费较贵，一般情况下，国内通话每分钟收费 1～2 元，国际长途每分钟收费 7 元以上。

铱星　　欧星　　海事卫星　　天通一号

办法 3：使用卫星互联网。光速可不是无穷快的。假设你是一束光，现在从地面出发，跑去摸一下太阳再立刻跑回地球，平均用时为 16.63 分钟。由于无线电波也属于光，因此使用卫星作为中继器实现地面上两个终端之间的通信时，卫星越高，延时越长。例如，拨打卫星电话时会有 0.5 秒、1 秒的延时。如果互联网持续传输数据时延时太长，则会很"卡"——即便是 1 秒的延时，也足以令游戏玩家"抓狂"。所以，在布设卫星互联网时，需要布设一些离地面较近的卫星，也就是在低轨道运行的卫星。但轨道越低，覆盖的地面区域越小。为了覆盖全球，需要布设很多颗卫星，这也意味着高昂的费用。

方法 4：使用北斗三号的短报文通信功能。同样是将卫星作为中继器的全球通信系统，北斗三号的短报文通信功能会方便得多。与 GPS 卫星只能向地面广播信息不同，北斗卫星还会接收由地面终端上传的信息并应答。因此，短报文通信成了北斗三号在基本的定位、导航、授时之外的重要辅助功能，与其他全球导航卫星系统相比，成为北斗三号的"独门绝活"。

（小提示：光返回时，地球其实已经不在原来的位置了）

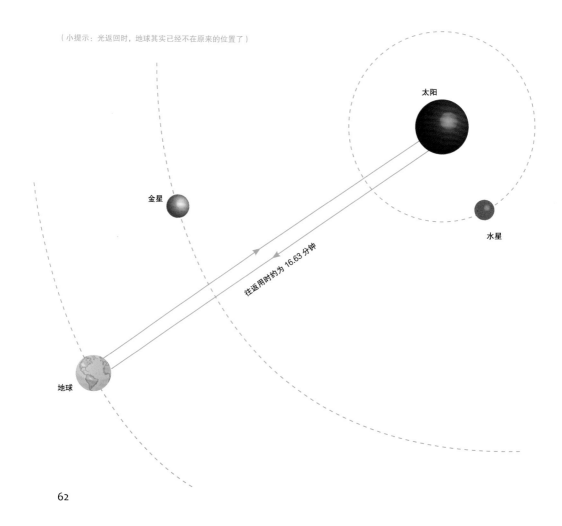

太阳

金星

水星

往返用时约为 16.63 分钟

地球

拓 展 阅 读

现在比较成熟的卫星互联网大多设计为由几百颗卫星或几千颗卫星组成，例如，英国的 OneWeb 公司计划布设一个约 600 颗卫星的星座；亚马逊公司计划布设一个超过 3200 颗卫星的星座；美国太空探索技术公司（SpaceX）的"星链计划"计划布设一个几万颗卫星的星座，截至 2021 年 2 月 17 日，"星链计划"的在轨飞行卫星总数已达 1015 颗。虽然"星链计划"还未完成，但 SpaceX 已开始运营卫星互联网，月租金为 99 美元(2021 年的价格）。

小·提示

所谓短报文通信，就是与短信类似，只有文字，没有语音，可在关键时刻解决大问题。目前，我国有超过10万艘渔船在出海时携带具有短报文通信功能的北斗终端，以便随时与海警船或其他渔船取得联系。

最后，使用北斗三号短报文通信功能时，费用低廉，可短信畅聊。

短报文通信功能是从北斗一号、北斗二号一直延续到北斗三号的。在2008年5·12汶川地震的救援过程中，电话网络和互联网全部中断，救援人员使用北斗一号的短报文通信功能解了燃眉之急。北斗一号和北斗二号的短报文通信，一次最多能够发送120个汉字。北斗三号可提供两种短报文通信：区域短报文通信（RSMC）和全球短报文通信（GSMC）。其中，RSMC是从北斗一号、北斗二号延续下来的，GSMC则是北斗三号新增的。

为什么说北斗三号的短报文通信很方便呢？

首先，它不是北斗三号的主要功能（只使用北斗三号导航和授时功能的人不必知道这一功能的存在）。

其次，虽然这一功能很有用，但没有为此多发射任何一颗卫星。

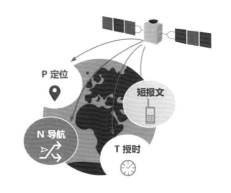

区域短报文通信（RSMC）可在哪些区域提供服务呢？一般来说，是中国及周边地区，具体来说，是从东经 50°到东经 160°，从北纬 0°到北纬 60°。之所以只为区域提供服务，是因为 RSMC 需要通过 GEO 卫星中的有效载荷实现，而 GEO 卫星的星下点在亚洲。区域短报文通信可一次传输 1000 个汉字。用户之间既可以一对一互发（点播），也可以在不超过 127 个用户的编组里群发（组播），拥有高权限的用户还可以向更多用户广播（通播）。例如，在海上天气突然发生变化时，渔业部门会向可能受到恶劣天气影响的渔船通播预警信息。

全球短报文通信（GSMC）是面向全球用户，通过 MEO 卫星上的有效载荷实现的。GSMC 可一次传输 40 个汉字，等同于可一次传输 80 个字母。

小·提示

按照通行的国际标准，16 比特（16 个 0 或 1）表示 1 个汉字，8 比特（8 个 0 或 1）表示 1 个字母。

想一想　搜一搜

1. 为什么在规划多个手机基站的位置时，常常把它们放在六边形网格的节点上？
2. 为什么表示 1 个汉字需要 16 比特？

第 13 章

北斗卫星上的原子钟

卫星上搭载的对实现卫星设计目标有用的设备称为有效载荷。北斗三号卫星的有效载荷分为几组：有的负责与地面站通信，有的负责与其他北斗卫星通信，有的负责给用户接收机发送导航电文，有的负责生成定位、导航、授时数据。由于定位、导航、授时是北斗的基础功能，因此负责生成定位、导航、授时数据的有效载荷是最重要的。在这组有效载荷中，关键的部件是原子钟。通过前文介绍已经知道，百万分之一秒的时钟误差意味着百米以上的定位误差，因此，北斗卫星需要具有高精度的计时器才行。

请思考一个问题：时间到底是什么？很迷惑是不是？很正常，因为这个问题比"超纲题"还难。科学发展

到现在，人类还是没有弄明白时间到底是什么。物理学家虽然提出了各种猜想，但仍没有确切的把握。现在将上述问题更换为一个简单题：人类是怎么感受到时间的？

最直接的感受就是"一天"的存在：天亮了，天黑了，天又亮了，新的一天开始了。那如何准确地知道"一天"的长度呢？我们观察一条经线，找到正对着太阳的时刻——经线正对

小·提示

利用与太阳的相对位置找到的"一天"，称为一个太阳日：把太阳日分成 24 等份，每一等份是 1 小时；把 1 小时分成 60 等份，每一等份是 1 分钟；把 1 分钟分成 60 等份，每一等份是 1 秒。"一天"就这样被分成 86400 秒。自古以来，我们使用的时间都是用地球、太阳位置关系的周期性变化来定义的。由这种方法测定的时间，属于天文时——基于天体观测的时间。人类早已习惯使用天文时，现在的报时工作，仍交给天文台来做。

太阳表示太阳中心和地球中心的连线与这条经线相交。牢牢盯住这条经线——地球不停地转动，经线也随之旋转。等到这条经线再次正对太阳时，我们就认为一天过去了，新的一天又开始了。

古人使用过很多种计时器：日晷用日影位置来估计时间；水钟、沙漏分别用水、沙在一段时间内滴漏的量来估计时间；还可以点燃一炷香来估计时间……虽然这些办法不太准确，也不太方便，但它们直观、有趣，时至今日仍有应用：很多餐馆的服务员会在顾客点菜并下单完毕后，拿出一个沙漏放在餐桌上计时。

虽然日晷、水钟、沙漏应用了很多年，但直到人类发现单摆的等时性，并据此原理发明了机械钟表，计时的精度才得到较大提高。

单摆的摆动频率只取决于它的长度，与摆锤的质量无关，即使摆动的幅度慢慢衰减，摆动一次的时间也仍然相等。

如果说发现单摆的等时性并据此原理发明机械钟表是人类计时方法的第一次飞跃，那么发现石英晶体在接电后会产生频率稳定的振动，并据此原理发明价廉且准确的石英钟，则是人类计时方法的第二次飞跃。

日晷

水钟

沙漏

单摆

的时间。得益于原子共振频率测量技术的改进，人类定义了原子时。现在，可以用两种方法获得 1 秒的时间长度：一种为平太阳日的 1/86400，是天文时中的秒，被称为天文秒；另一种为原子秒，即将铯 −133 原子在其基态的两个超精细能级间跃迁时辐射的 9192631770 个周期所持续的时间定义为 1 秒。以原子秒为基准计量的时间被称为原子时。原子时的出现，是人类计时方法的第三次飞跃。

石英晶体在接电后将以稳定频率振动的现象，是由雅克·居里和皮埃尔·居里两兄弟于 19 世纪 80 年代发现的。皮埃尔·居里是居里夫人的丈夫，他的女儿还获得了诺贝尔化学奖。居里家族真可谓是科学之家！ 20 世纪 20 年代，贝尔实验室的加拿大人沃伦·马里森做出了第一台石英钟，之后，石英钟不断被改进。

20 世纪 30 年代，物理学家发现，原子可在不同能态之间跃迁。一种原子对应一个共振频率，并且原子共振频率是可以测量的。原子共振频率很高——每秒振动很多次，用测量原子共振频率的方法，可以获得更高精度

小·提示

太阳日是指太阳的中心相继两次通过同一子午线所经历的时间。由于地球在各个时间段内运行的速度不同，故太阳日的长短也有变化。通常将全年中各太阳日的平均数作为一日，称作平太阳日，而将某时刻真正的太阳日称作真太阳日。

有了以上了解后，再来说说北斗卫星中的原子钟。原子钟，是用原子周期（原子共振频率）校准的石英钟。北斗卫星用到的两种原子钟，即铷原子钟和氢原子钟，都是由我国自主研制、生产的。北斗卫星中的铷原子钟精度可以达到每天 100 亿分之 5 秒，氢原子钟的精度更高。即便按照每天 100 亿分之 5 秒计算，原子钟积累 1 秒的误差也需要超过 500 万年。考虑到北斗卫星的使用寿命约为 10 年，原子钟在 10 年里积累的误差不超过 2 微秒。

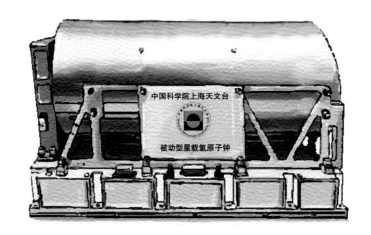

1. 我们已经了解了太阳日，那你知道什么是恒星日吗？

2. 在一个原子中，各电子蕴含的能量取决于什么？

　　由于原子时可以精确测量，因此世界各国协调一致，开始使用原子时作为计时标准。天文时仍在使用，当原子时和天文时的偏差达到0.9秒时，一个负责计时的组织——国际地球自转服务组织，将决定在格林尼治时间的下一个 6 月 30 日或 12 月 31 日的 23 时 59 分 60 秒，插入 1 秒或删除 1 秒。这就是闰秒：插入 1 秒，被称为正闰秒；删除 1 秒，被称为负闰秒。因为天文时一直比原子时走得慢一点点，所以直到 2022 年 6 月，只出现过正闰秒。多出来的 1 秒，将在下一个 6 月 30 日或 12 月 31 日的 23 时 59 分 60 秒被记成 0 秒。例如，正常情况下，6 月 30 日 23 时 59 分 60 秒之后应该是 7 月 1 日 0 时 0 分 1 秒，如果此时插入 1 秒，则时间序列变成 6 月 30 日 23 时 59 分 60 秒、7 月 1 日 0 时 0 分 0 秒、7 月 1 日 0 时 0 分 1 秒，也就是说，7 月 1 日 0 时 0 分有 61 秒：从 0 秒到 60 秒。

　　不过，近些年来，很多科技公司开始呼吁废除闰秒，并已得到美国国家标准与技术研究院和国际计量局的赞同，原因是多出的 1 秒会导致计算机产生"错乱"，并曾多次给网络平台造成故障。例如，2012 年进行闰秒调整，多家知名网站陷入了临时服务中断。针对闰秒问题，谷歌通过采取"闰秒弥补"技术来保证服务器的正常运行，但有部分业务仍会受到闰秒的影响。因此，多出的 1 秒成为服务器的"噩梦"。

第 14 章
北斗卫星是如何发射升空的

卫星是怎样"跑"到各自轨道上的呢？答案是通过运载火箭将卫星发射上去。不过，这句话需要添加两个说明，否则不够准确。

第一，由于航天飞机是绕着地球飞行的，所以航天飞机也属于地球的卫星。在合适的位置，可从航天飞机上释放一颗卫星，也可以从飞船或空间站释放一颗卫星，并使其进入预定轨道。虽然这种释放卫星的方法与通过运载火箭发射卫星的方法明显不同，但考虑到航天飞机、飞船或空间站也要通过运载火箭才能进入航天空间，因此，通过航天飞机、飞船或空间站释放卫星时同样需要依赖运载火箭作为运载工具。

第二，每个天体都有对应的环绕速度，其大小与天体的质量、直径相关。只有当物体的速度达到某个天体的环绕速度，才可能作为这个天体的卫星开始环绕飞行。地球的环绕速度为 7.9 千米 / 秒，是声音在海平面上的空气中传播速度的 20 多倍，况且地球周围还有稠密的、对飞行器而言阻力巨大的大气层，所以除了用多级火箭运载能达到这个速度，还真没有其他好办法。但其他天体就不一定了。比如，月球的环绕速度只有 1.8

千米 / 秒，因没有大气层，不存在空气阻力的问题，所以将一门舰载电磁炮放在月球上，就可以发射卫星。更小的天体呢？比如土卫七——土星的第七颗卫星，平均直径为 266 千米。在土卫七上发射卫星，速度达到 38 米 / 秒就可以了。力气大的人，扔石头或用网球拍击打网球就可以达到这个速度（一般女子网球的发球速度刚好为 38 米 / 秒左右，男子网球的发球速度更快）。

由于北斗卫星是从地球表面发射的，三种北斗卫星的轨道高度都不低：MEO 卫星的轨道高度约为 21500 千米，GEO 卫星和 IGSO 卫星的轨道高度约为 36000 千米，因此，适合通过长征三号系列火箭来发射。

长征三号系列火箭一共有 4 种。

最早的长征三号（CZ-3）已经退役，不再使用了。

目前，一直担任发射中、高轨道卫星的主力运载火箭，是 CZ-3 的 3 种后续型号，即长征三号甲（CZ-3A）、长征三号乙（CZ-3B）和长征三号丙（CZ-3C）。那它们有什么区别呢？

三者的外形差异很大：长征三号甲没有助推器，长征三号乙有 4 个助推器，长征三号丙有2个助推器。

三者向GTO（地球同步转移轨道）发射卫星的运载能力不同：长征三号甲的运载能力为2.6吨，长征三号乙的运载能力为5.5吨，长征三号丙的运载能力为3.8吨。

用来发射神舟载人飞船的长征二号F火箭（CZ-2F）和长征三号乙火箭长得很像，个头也差不多（长征二号F火箭的"身高"为58.3米，长征三号乙火箭的"身高"为56.3米），都有4个助推器。那如何区分它们呢?

长征二号F火箭顶着一个细长的小火箭（小火箭名为逃逸塔），是在出现意外情况时，用于航天员逃生的。

长征三号乙火箭不发射载人航天器，没有逃逸塔（长征三号系列火箭均如此）。

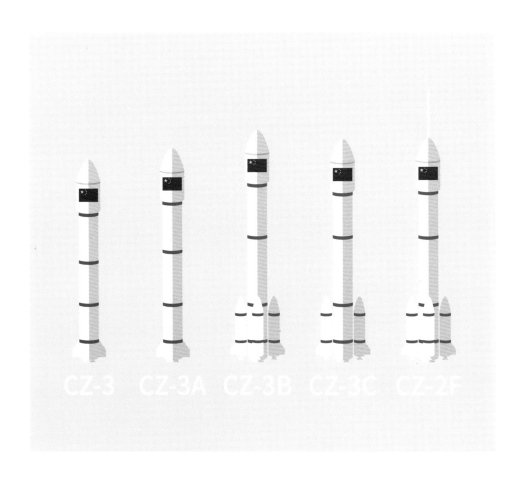

若将长征三号乙火箭拆开，则可看到长征三号乙火箭主要包括 4 个助推器、芯一级、芯二级、芯三级及整流罩等部分。在整流罩内，装有上面级运载器和卫星。

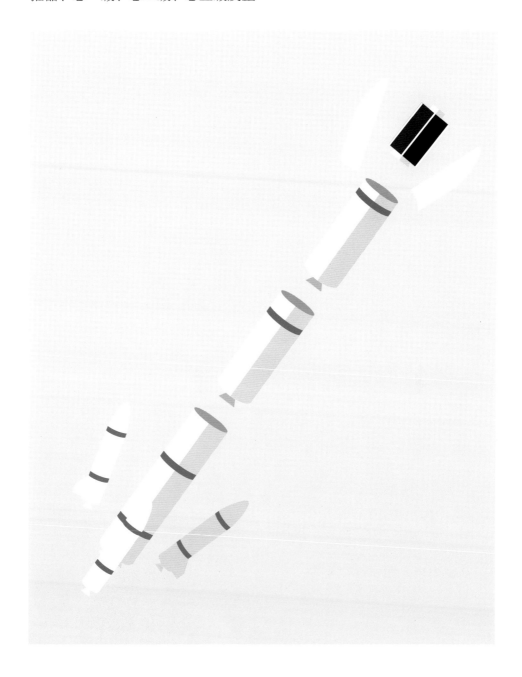

如果要发射一颗北斗 GEO 卫星，应该如何操作呢？

第一步，通过长征三号乙火箭把上面级运载器和 GEO 卫星一同发射到地球同步转移轨道（GTO）中。

第二步，启动上面级运载器，通过为 GEO 卫星加速，让 GEO 卫星进入地球静止轨道。

其实，上面级运载器也属于火箭。我国的上面级运载器还有一个好听的名字——远征（远征上面级运载器可简称为远征上面级）。为了与卫星相连，一同放进整流罩，远征上面级运载器被设计成扁圆的"巨大饼干"形，看起来与铅笔形状的长征系列火箭很不相像。北斗卫星都是由长征三号系列火箭加上远征上面级运载器接力发射进入工作轨道的。

GEO 卫星进入地球静止轨道

GEO

GTO

远征上面级运载器

想一想　搜一搜

1. 长征二号系列、长征三号系列和长征四号系列火箭用于不同的发射任务，已身经百战。你知道长征火箭家族还有哪些新一代成员？

2. 中国有几个运载火箭发射场？它们在哪里？

第 15 章

在北斗三号之前
——北斗一号和北斗二号

最后来说说北斗的过去和未来。北斗系统是分阶段建设的：2000 年，建成北斗一号，用于向中国境内提供服务；2012 年，建成北斗二号，用于向亚太地区提供服务；2020 年，建成北斗三号，用于向全球提供服务。

北斗一号采用双星定位，即只需要两颗地球静止轨道卫星（GEO 卫星）。2000 年，两颗北斗一号卫星顺利发射，之后又发射两颗北斗一号卫星作为前两颗卫星的备份星，发射年份分别为 2003 年和 2007 年。因为北斗一号属于试验性质的导航卫星系统（共有 4 颗北斗一号卫星），所以称其为北斗导航试验卫星。北斗一号的两颗卫星悬停在亚洲赤道上空且离中国较近的位置，经度相距 60°，只为中国用户提供服务。北斗一号的定位精度为 20 米，授时精度为 100 纳秒，短报文通信的每条"短信"可容纳 120 个汉字。

2007 年，我国开始发射北斗二号卫星。北斗二号建成时，北斗二号"星座家族"由 14 颗卫星组成（包括 5 颗 GEO 卫星、5 颗 IGSO 卫星、4 颗 MEO 卫星）。

小·提示

用户终端设备既能接收卫星导航电文，又能向卫星发送请求信号的导航，被称为主动式导航或有源导航；用户终端设备不能向卫星发送请求信号的导航，被称为被动式导航或无源导航。北斗系统的特色——短报文通信，是一个有源导航的附属功能，从北斗一号、北斗二号延续到北斗三号。若比较北斗三号与另三种 GNSS 就会发现，GPS、GLONASS 和 GSNS 只有无源导航，北斗三号兼具无源导航和有源导航。

作为从北斗一号到北斗三号的"阶段产品"，北斗二号与北斗一号一样，均属于区域导航卫星系统，不具备向全球用户提供服务的能力，但又与北斗三号一样，兼具无源导航和有源导航。北斗二号可为中国及周边地区提供服务，定位精度优于 10 米，授时精度为 50 纳秒，短报文通信的每条"短信"可容纳 120 个汉字。

2015 年、2016 年，为了继续加强北斗二号的建设，又发射了 7 颗卫星；从 2017 年 11 月到 2020 年 6 月，又成功发射了 30 颗北斗三号组网卫星（2020 年 6 月 23 日，北斗三号中的最后一颗全球组网卫星在西昌卫星发射中心点火升空）和 2 颗北斗二号备份卫星（有些北斗二号卫星作为北斗三号的备份卫星，仍在继续工作）。北斗三号可服务于全球用户，定位精度为 2.5 ~ 5 米（使用地基增强时定位精度更高），授时精度为 20 纳秒，可为中国及周边地区提供区域短报文通信服务，每条"短信"可容纳 1000 个汉字，以及在世界范围内提供全球短报文通信服务，每条"短信"可容纳 40 个汉字或 80 个字母。

小·提示

北斗卫星虽远在天外，产业应用却近在身边。作为我国自主研发、制造的卫星导航系统，北斗系统已覆盖交通运输、电力调度等领域的基础建设，北斗产业已深入共享经济、智能商务等民生领域。

北斗一号

1994 年

北斗一号建设正式启动

2000 年

发射 2 颗地球静止轨道（GEO）卫星

北斗一号建成并投入使用

北斗二号

到 2012 年

完成了 14 颗卫星的发射组网

地球静止轨道（GEO）卫星	5 颗
倾斜地球同步轨道（IGSO）卫星	5 颗
中圆地球轨道（MEO）卫星	4 颗

北斗系统共发射 59 颗卫星

北斗一号

2 颗 ＋ 2 颗

组网卫星　备份卫星

北斗二号

14 颗 ＋ 6 颗

组网卫星　备份卫星

北斗三号

30 颗 ＋ 5 颗

组网卫星　试验卫星

项目	北斗一号	北斗二号	北斗三号
卫星数量 （仅包括组网卫星）	2	14	30
系统类型	区域导航卫星系统	区域导航卫星系统	全球导航卫星系统
服务范围	中国	中国及周边地区	全球
导航技术类型	有源导航	有源导航 + 无源导航	有源导航 + 无源导航
精度	定位精度为 20 米，授时精度为 100 纳秒	定位精度高于 10 米，授时精度为 50 纳秒	定位精度为 2.5 ~ 5 米（使用地基增强时精度更高），授时精度为 20 纳秒
短报文通信	服务中国用户，每条"短信"可容纳 120 个汉字	服务中国及周边地区用户，每条"短信"可容纳 120 个汉字	两种短报文：服务中国及周边地区用户，每条"短信"可容纳 1000 个汉字；服务全球用户，每条可容纳 40 个汉字或 80 个字母

北斗系统的未来将会怎样呢？国务院新闻办公室于 2022 年 11 月 4 日发布《新时代的中国北斗》白皮书。白皮书指出：面向未来，中国将建设技术更先进、功能更强大、服务更优质的北斗系统，建成更加泛在、更加融合、更加智能的综合时空体系，提供高弹性、高智能、高精度、高安全的定位导航授时服务。

北斗系统的未来，令人期待！

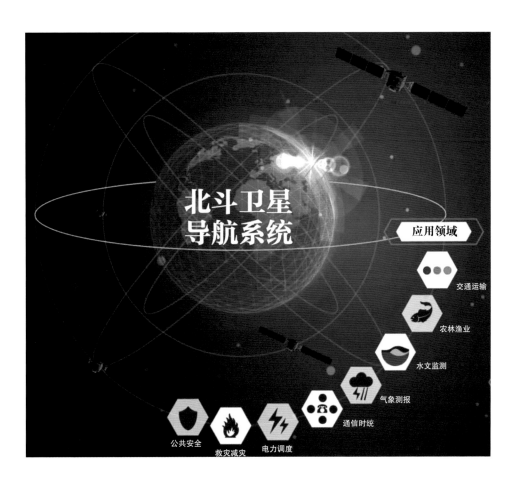

想一想　搜一搜

1. 本章中提到的"中国及周边地区"是指什么范围?

2. 在发射 30 颗北斗三号组网卫星的过程中, 有时一箭两星, 有时一箭一星, 其中的规律是什么?